幼兒大科學·4·

萬物
不可思議的
由來

王渝生◎主編

項華◎編著　樊煜欽◎繪

中華教育

幼兒大科學·4·

萬物
不可思議的
由來

王渝生◎主編
項華◎編著　樊煜欽◎繪

出版 / 中華教育

香港北角英皇道 499 號北角工業大廈 1 樓 B 室

電話：(852) 2137 2338　傳真：(852) 2713 8202

電子郵件：info@chunghwabook.com.hk

網址：http://www.chunghwabook.com.hk

發行 / 香港聯合書刊物流有限公司

香港新界荃灣德士古道 220–248 號荃灣工業中心 16 樓

電話：(852) 2150 2100　傳真：(852) 2407 3062

電子郵件：info@suplogistics.com.hk

印刷 / 高科技印刷集團有限公司

香港新界葵涌和宜合道 109 號長榮工業大廈 6 樓

版次 / 2021 年 10 月第 1 版第 1 次印刷

©2021 中華教育

規格 / 16 開（205mm x 170mm）

ISBN / 978–988–8759–84–2

責任編輯：梁潔瑩
裝幀設計：龐雅美
排版：龐雅美
印務：劉漢舉

目錄

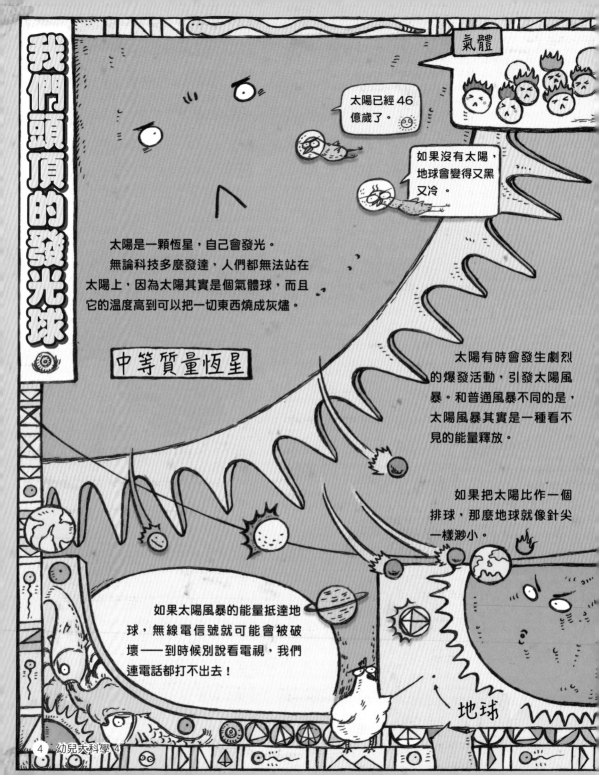

氣體

太陽已經 46 億歲了。

如果沒有太陽，地球會變得又黑又冷。

太陽是一顆恆星，自己會發光。

無論科技多麼發達，人們都無法站在太陽上，因為太陽其實是個氣體球，而且它的溫度高到可以把一切東西燒成灰燼。

中等質量恆星

太陽有時會發生劇烈的爆發活動，引發太陽風暴。和普通風暴不同的是，太陽風暴其實是一種看不見的能量釋放。

如果把太陽比作一個排球，那麼地球就像針尖一樣渺小。

如果太陽風暴的能量抵達地球，無線電信號就可能會被破壞——到時候別說看電視，我們連電話都打不出去！

地球

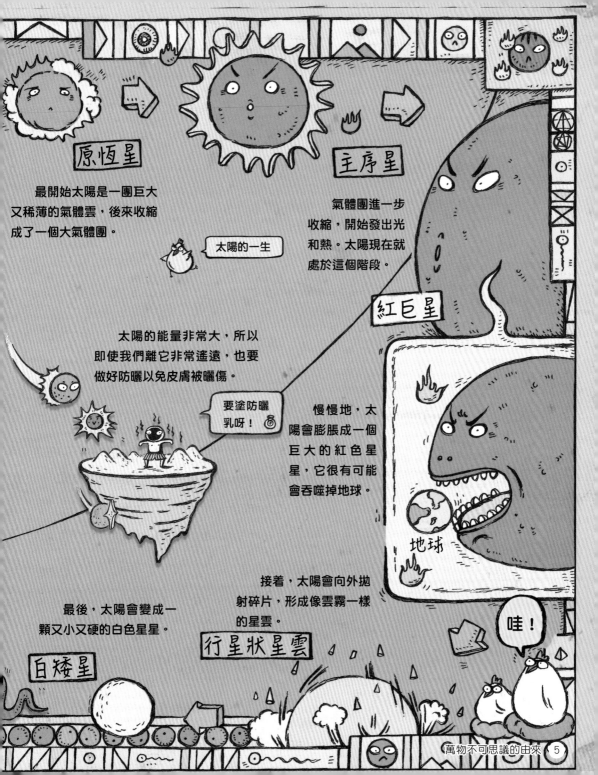

原恆星

最開始太陽是一團巨大又稀薄的氣體雲，後來收縮成了一個大氣體團。

太陽的一生

主序星

氣體團進一步收縮，開始發出光和熱。太陽現在就處於這個階段。

紅巨星

太陽的能量非常大，所以即使我們離它非常遙遠，也要做好防曬以免皮膚被曬傷。

要塗防曬乳呀！

慢慢地，太陽會膨脹成一個巨大的紅色星星，它很有可能會吞噬掉地球。

地球

最後，太陽會變成一顆又小又硬的白色星星。

接着，太陽會向外拋射碎片，形成像雲霧一樣的星雲。

行星狀星雲

白矮星

哇！

天空中的雲、落到地面的雨、
可怕的閃電⋯⋯所有天氣的變化
都要從太陽開始講起。

熱空氣飄走以
後，冷空氣迅速從別
的地方跑過來，這時
就形成了「風」。

靠近地面的空氣被
陽光曬熱後會變輕，它
們可以像氣球一樣飄到
幾千米高的空中。

雷

因為閃電比
雷跑得快！

忍不住了，
我要炸了！

為甚麼我們先
看到閃電再聽
到打雷？

空氣裏不停發生的變化

雷雨天時，人們總是習慣性地捂住耳朵來躲避雷聲。
但其實雷聲並不可怕，危險的反而是閃電。閃電的溫度很高，
樹木被劈到後甚至還會引發火災！
避雷針可以幫助人們避免雷擊災害。

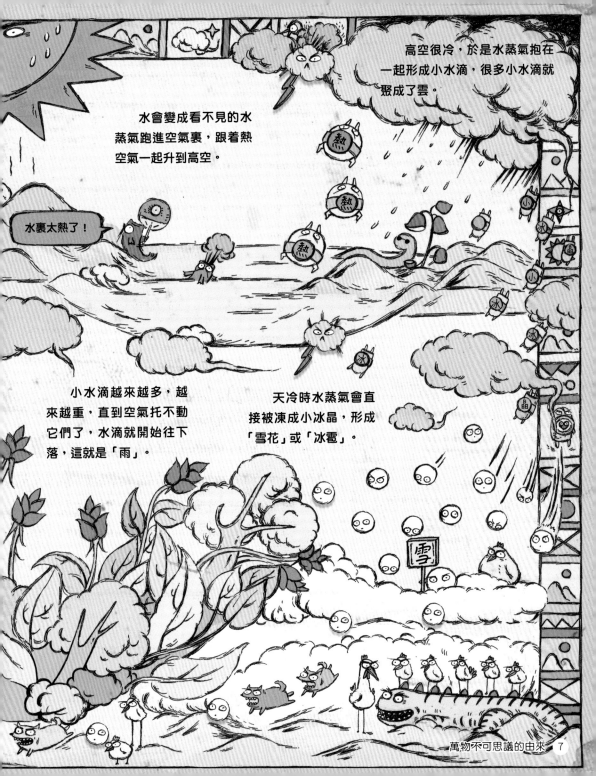

高空很冷，於是水蒸氣抱在一起形成小水滴，很多小水滴就聚成了雲。

水會變成看不見的水蒸氣跑進空氣裏，跟着熱空氣一起升到高空。

水裏太熱了！

小水滴越來越多，越來越重，直到空氣托不動它們了，水滴就開始往下落，這就是「雨」。

天冷時水蒸氣會直接被凍成小冰晶，形成「雪花」或「冰雹」。

雪

液態

固態

氣態

在地球上跑來跑去的變形怪

水有變形的能力。它既可以變成液體到處流淌，也可以變成水蒸氣飛向天空，還可以變成硬邦邦的冰浮在水上。

水變成冰以後，體積會增大。

　　地球上的水基本都存在於海洋中，只有極少一部分水是淡水，而且超過一半的淡水都是冰，它們大部分都在地球最大的「冰庫」——南極大陸上。

　　地球上的水從地球最初形成的時候就在這裏，被反覆利用着：水蒸發形成雲，再變成雨或雪回到地面，匯聚成河流後再次蒸發形成雲⋯⋯這就是「水循環」。

　　地球上的生命最初是在水裏誕生的，生命本身也離不開水。如果沒有水，我們連一週也活不了。

又下雪嘍！

你喝下的水中，也許有一部分水分子也到過愛因斯坦的身體裏。

哇！

水蒸氣是看不見的，但它確實在空氣裏。

只有不到1%的淡水可以被人類利用，這就是我們要珍惜水的原因。

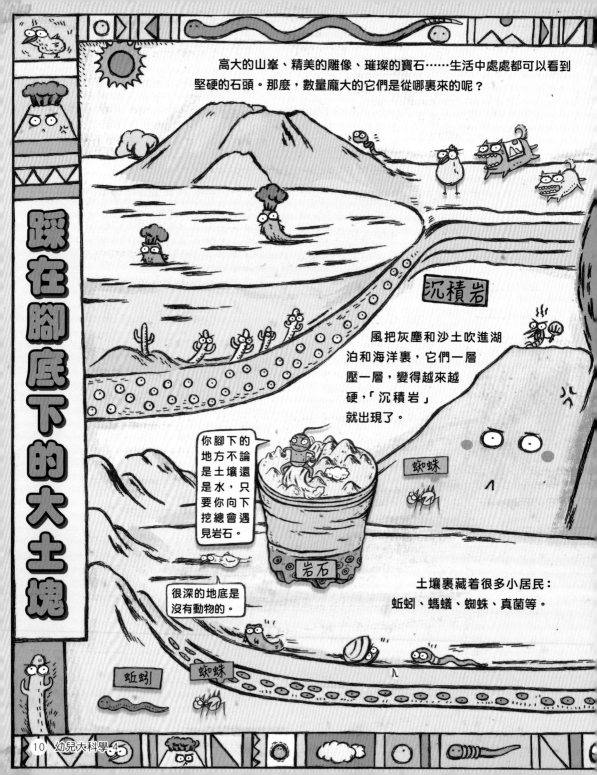

高大的山峯、精美的雕像、璀璨的寶石⋯⋯生活中處處都可以看到堅硬的石頭。那麼，數量龐大的它們是從哪裏來的呢？

踩在腳底下的大土塊

沉積岩

風把灰塵和沙土吹進湖泊和海洋裏，它們一層壓一層，變得越來越硬，「沉積岩」就出現了。

你腳下的地方不論是土壤還是水，只要你向下挖總會遇見岩石。

蜘蛛

岩石

很深的地底是沒有動物的。

土壤裏藏着很多小居民：蚯蚓、螞蟻、蜘蛛、真菌等。

蚯蚓　蜘蛛

地球內部特別熱，連岩石都熔化成了熾熱黏稠的岩漿，它們隨着火山爆發被噴出地面，冷卻變硬後可以重新成為石頭，叫作「火成岩」。

火成岩

細小的石粒叫作沙子，它們和死去的動植物混合在一起，形成土壤。

燙

自古以來，石頭就與人類息息相關，遠古人類把石頭做成武器和工具。

現在人們用石頭來蓋房子、造橋，還把它們做成雕塑。

螞蟻

礦石

遇到高溫和高壓的時候，有些岩石就會「被迫」改變自己，重新結晶形成新的礦物，也就是「變質岩」。

金和銀是天然金屬喲！

變質岩

蜘蛛

金　　銀

土壤是大多數植物生長必不可少的物質，能為植物提供養分。

氧氣　光合作用

植物利用光能將二氧化碳和水等無機物合成有機物並釋放氧氣的過程。

葉綠體

從地裏冒出來的生命

幾乎所有的植物都是靠「吃太陽」生存的，它們體內有大量叫作葉綠體的中轉站，可以利用陽光把吸進身體裏的二氧化碳和水轉化成有機物和氧氣。

玫瑰花和水稻都是從種子開始生長的。

除了常見的通過種子繁殖，有些植物還可以通過扦插和分離進行繁殖。

葡萄枝條

第二年就會有葡萄了喲！

把馬鈴薯切塊，種在土裏，就能收穫更多馬鈴薯。

發芽的馬鈴薯

根

莖是運送水分和養分的通道。

好擠啊！

莖

養分

和人一樣，植物也有自己的器官。它們的器官叫作根、莖、葉、花、果實和種子。

葉

陽光呢？

仔細看！植物的葉片上有很多細小的氣孔，這是它們用來「呼吸」的通道。

植物沒有五官，也能感受世界。

向日葵的花盤總是望向太陽的方向，含羞草被觸摸以後會捲起自己的葉子，洋蔥和胡蘿蔔散發的氣味可以驅趕害蟲。

根支撐着整個身體。

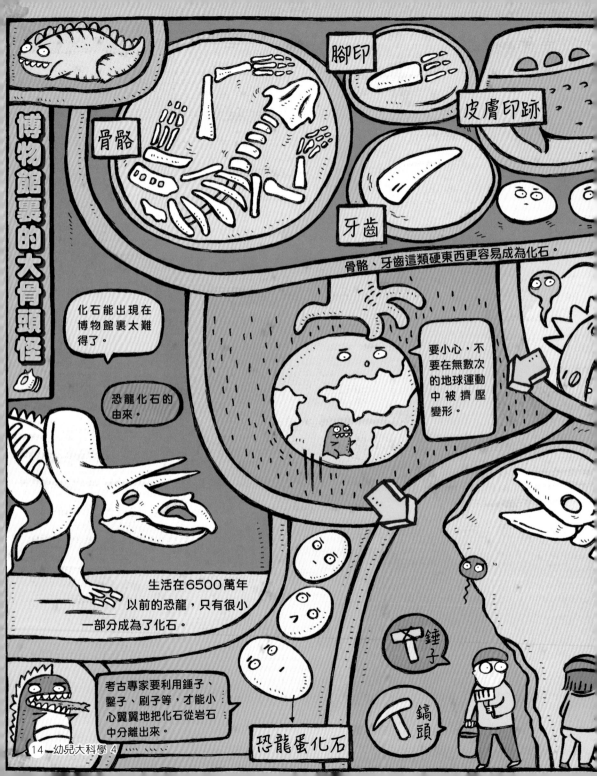

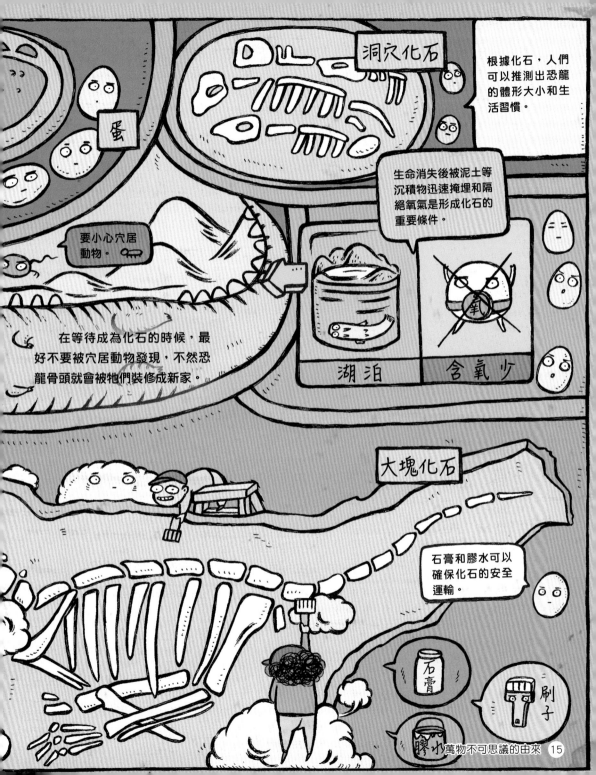

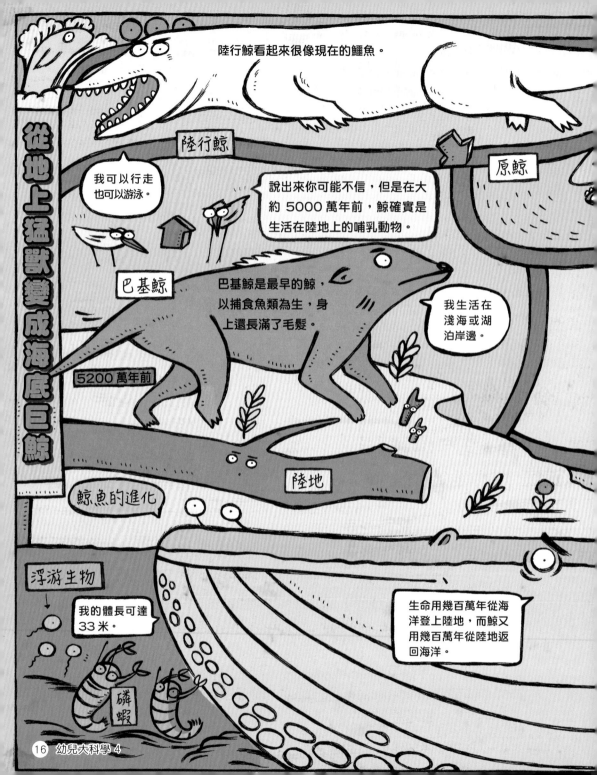

陸行鯨看起來很像現在的鱷魚。

從地上猛獸變成海底巨鯨

陸行鯨

原鯨

我可以行走也可以游泳。

說出來你可能不信，但是在大約 5000 萬年前，鯨確實是生活在陸地上的哺乳動物。

巴基鯨

巴基鯨是最早的鯨，以捕食魚類為生，身上還長滿了毛髮。

我生活在淺海或湖泊岸邊。

5200 萬年前

陸地

鯨魚的進化

浮游生物

我的體長可達 33 米。

磷蝦

生命用幾百萬年從海洋登上陸地，而鯨又用幾百萬年從陸地返回海洋。

現在有些鯨的身體裏仍然有沒有退化完全的後肢骨呢！

矛齒鯨有着像尖矛一樣的牙齒，生活在溫暖的海洋裏。

3800 萬年前

矛齒鯨

我能長達 5 米。

原鯨可以清晰地聽到水裏的聲音。

4500 萬年前

……喜歡的食物

2700 萬年前

鬚鯨

有些鯨進化出了像毛髮一樣的鯨鬚。

鬚鯨依靠鯨鬚過濾出水中的浮游生物。

我們用頭頂的噴氣口呼吸。

大約 500 萬年前，海洋的溫度升高，海水中的浮游生物變多，磷蝦也變多了。

依靠鯨鬚濾食的鬚鯨，吃得越來越多，體形很快就變大了。

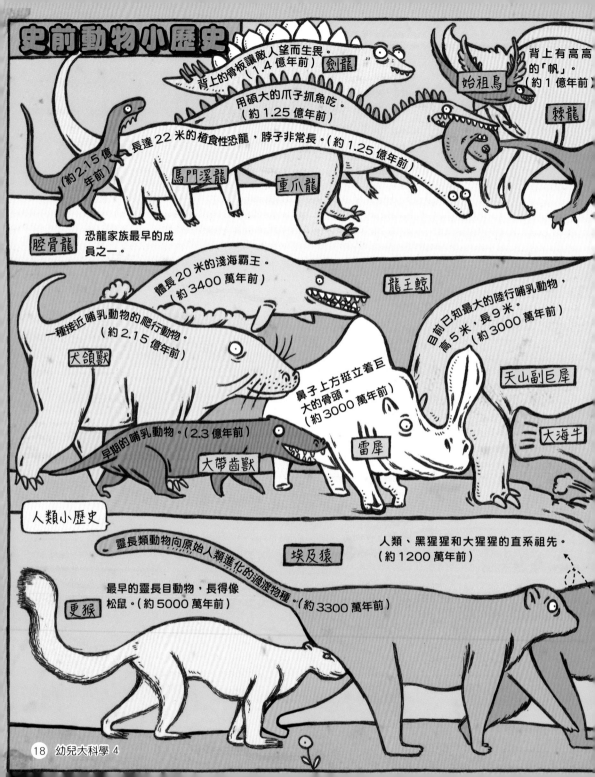

史前動物小歷史

背上的骨板讓敵人望而生畏。（1.4 億年前） 劍龍

背上有高高的「帆」。（約 1 億年前） 始祖鳥

用碩大的爪子抓魚吃。（約 1.25 億年前）

棘龍

長達 22 米的植食性恐龍，脖子非常長。（約 1.25 億年前）

（約 2.15 億年前）

馬門溪龍

重爪龍

脛骨龍　恐龍家族最早的成員之一。

體長 20 米的淺海霸王。（約 3400 萬年前） 龍王鯨

一種接近哺乳動物的爬行動物。（約 2.15 億年前）

犬頜獸

目前已知最大的陸行哺乳動物，高 5 米，長 9 米。（約 3000 萬年前）

天山副巨犀

鼻子上方挺立着巨大的骨頭。（約 3000 萬年前）

大海牛

早期的哺乳動物。（2.3 億年前）

大帶齒獸

雷犀

人類小歷史

靈長類動物向原始人類進化的過渡物種。（約 3300 萬年前）

埃及猿

人類、黑猩猩和大猩猩的直系祖先。（約 1200 萬年前）

最早的靈長目動物，長得像松鼠。（約 5000 萬年前）

更猴

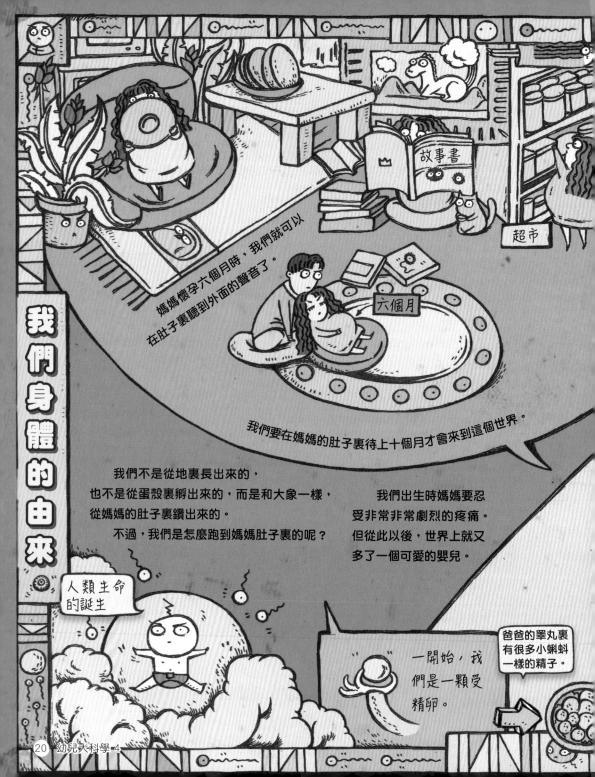

我們身體的由來

媽媽懷孕六個月時，我們就可以在肚子裏聽到外面的聲音了。

六個月

故事書

超市

我們要在媽媽的肚子裏待上十個月才會來到這個世界。

我們不是從地裏長出來的，也不是從蛋殼裏孵出來的，而是和大象一樣，從媽媽的肚子裏鑽出來的。
不過，我們是怎麼跑到媽媽肚子裏的呢？

我們出生時媽媽要忍受非常非常劇烈的疼痛。但從此以後，世界上就又多了一個可愛的嬰兒。

人類生命的誕生

一開始，我們是一顆受精卵。

爸爸的睪丸裏有很多小蝌蚪一樣的精子。

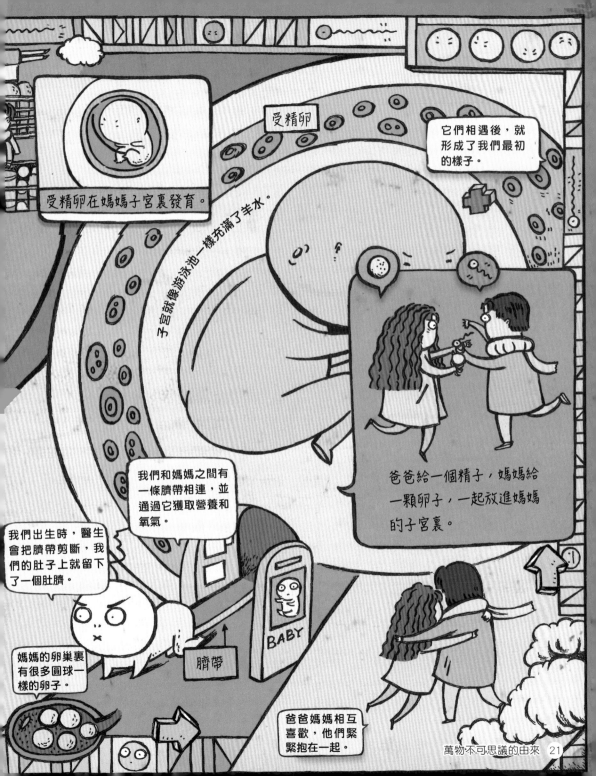

受精卵

受精卵在媽媽子宮裏發育。

它們相遇後，就形成了我們最初的樣子。

子宮就像游泳池一樣充滿了羊水。

爸爸給一個精子，媽媽給一顆卵子，一起放進媽媽的子宮裏。

我們和媽媽之間有一條臍帶相連，並通過它獲取營養和氧氣。

我們出生時，醫生會把臍帶剪斷，我們的肚子上就留下了一個肚臍。

BABY

臍帶

媽媽的卵巢裏有很多圓球一樣的卵子。

爸爸媽媽相互喜歡，他們緊緊抱在一起。

萬物不可思議的由來　21

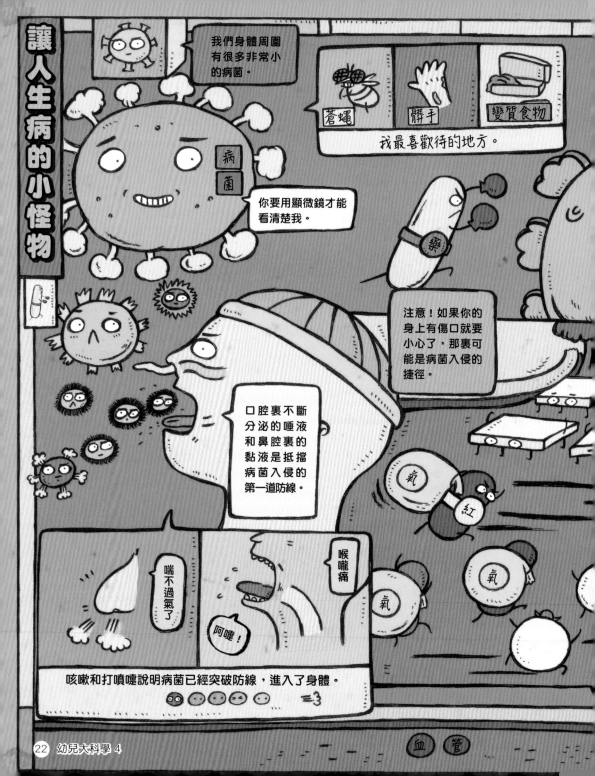

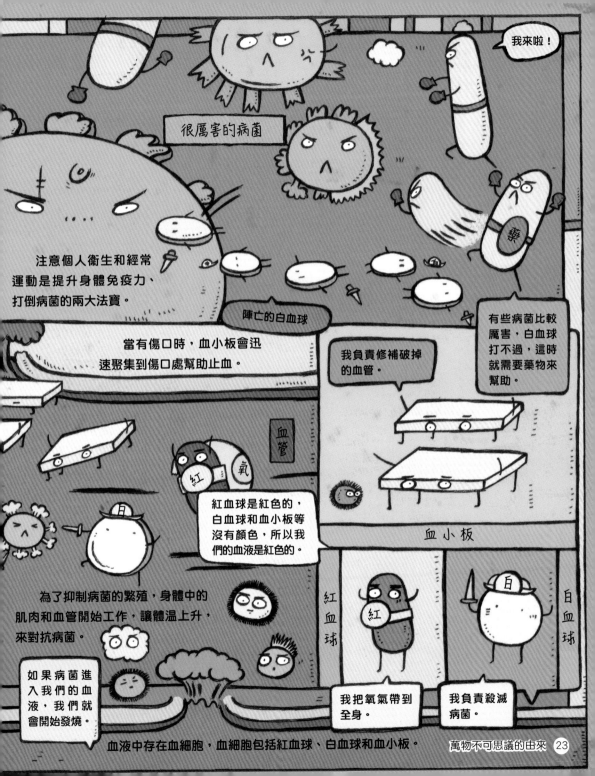

萬物不可思議的由來 23

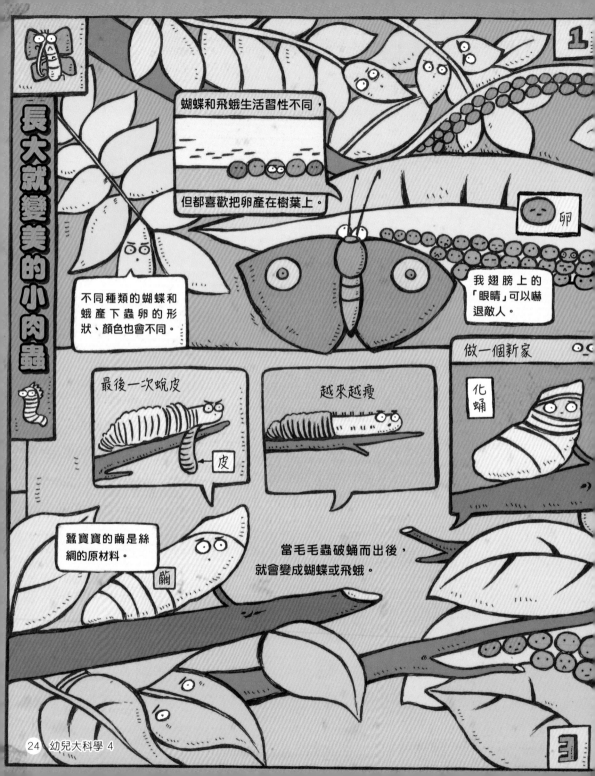

長大就變美的小肉蟲

1

蝴蝶和飛蛾生活習性不同，

但都喜歡把卵產在樹葉上。

卵

不同種類的蝴蝶和蛾產下蟲卵的形狀、顏色也會不同。

我翅膀上的「眼睛」可以嚇退敵人。

做一個新家

化蛹

最後一次蛻皮

皮

越來越瘦

蠶寶寶的繭是絲綢的原材料。

繭

當毛毛蟲破蛹而出後，就會變成蝴蝶或飛蛾。

3

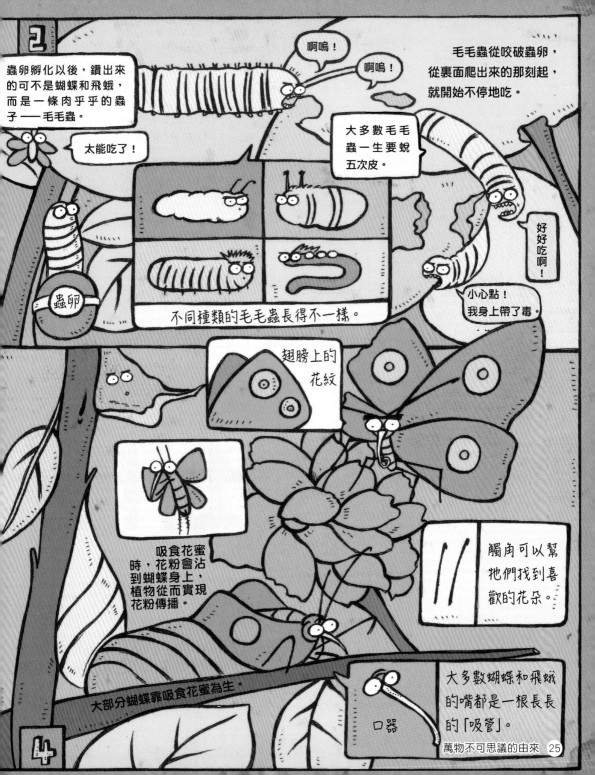

蟲卵孵化以後，鑽出來的可不是蝴蝶和飛蛾，而是一條肉乎乎的蟲子——毛毛蟲。

啊嗚！

啊嗚！

毛毛蟲從咬破蟲卵，從裏面爬出來的那刻起，就開始不停地吃。

太能吃了！

大多數毛毛蟲一生要蛻五次皮。

好好吃啊！

小心點！我身上帶了毒。

蟲卵

不同種類的毛毛蟲長得不一樣。

翅膀上的花紋

吸食花蜜時，花粉會沾到蝴蝶身上，植物從而實現花粉傳播。

觸角可以幫牠們找到喜歡的花朵。

大部分蝴蝶靠吸食花蜜為生。

口器

大多數蝴蝶和飛蛾的嘴都是一根長長的「吸管」。

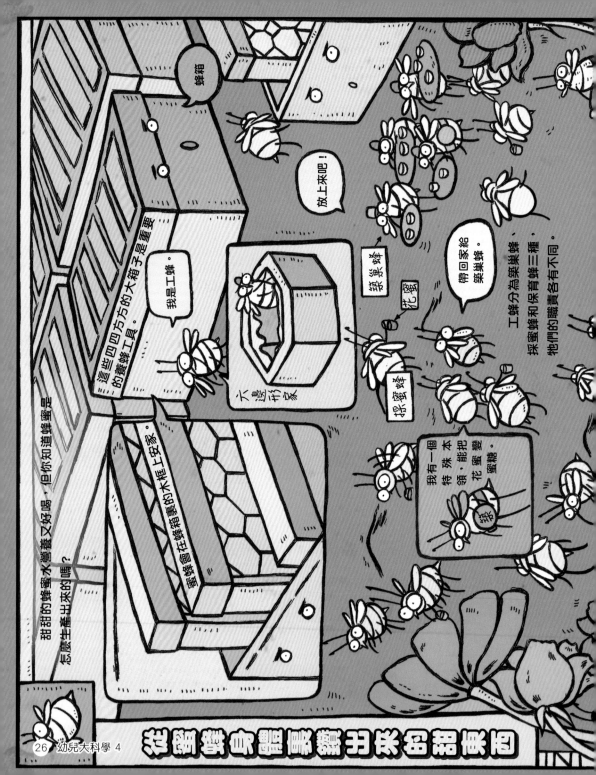

又香又甜的棕色方塊

每一種食物來到我們身邊之前，都經歷了一段神奇的冒險之旅。朱古力的冒險故事要從它們的出生地講起。

④ 進入朱古力工廠加工。

可可樹是可可豆的媽媽，它們生長在赤道周圍那些又熱又濕的地方。

一個豆莢裏藏着 20 ～ 40 顆豆子！

我是一個豆莢！

一起製作奶油大蛋糕吧

邊加糖邊攪拌蛋清，直到它變成一團白色的滑膩膩的泡沫。

透明　黃色

把雞蛋分成透明的蛋清和黃色的蛋黃兩部分。

奶油蛋糕是怎麼來的呢？

如果我們從最開始說起，那蛋糕其實來自農場：麵和砂糖是由小麥和甘蔗變來的，奶油和雞蛋則來自奶牛和母雞……

不過那個故事太長了，我們還是從廚房開始講起吧！

將蛋糕橫切成四份。

把奶油塗滿蛋糕表面，並放上用來裝飾的水果、朱古力和蠟燭。

蛋糕完成啦！

把豆子變成白色方塊的祕密

冷。

擠。

把乾黃豆用清水泡發。

一

七

倒進模具。

哇!

完成啦!

二

磨成豆漿。

豆

腐

豆腐是中國人在兩千多年前發明的食物。通過一種神奇的方法,人們可以把一顆顆豆子變成白白嫩嫩的大方塊。

工作啦!

攪拌機

三

紗布過濾。

豆渣

過濾出來的豆渣可以做成好吃的豆渣餅。

埃及金字塔的由來

埃及金字塔是埃及人民為他們的統治者法老修建的陵墓。

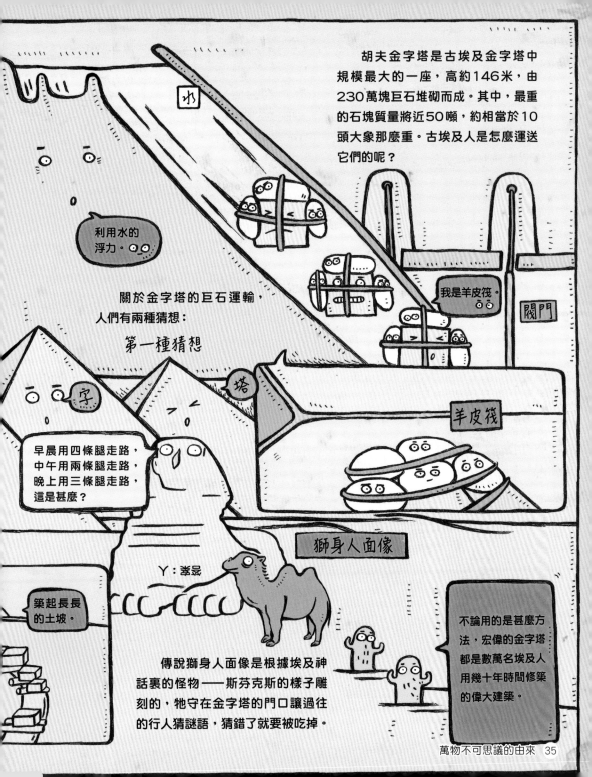

胡夫金字塔是古埃及金字塔中規模最大的一座，高約146米，由230萬塊巨石堆砌而成。其中，最重的石塊質量將近50噸，約相當於10頭大象那麼重。古埃及人是怎麼運送它們的呢？

水

利用水的浮力。

關於金字塔的巨石運輸，人們有兩種猜想：

第一種猜想

字

塔

我是羊皮筏。

閥門

羊皮筏

早晨用四條腿走路，中午用兩條腿走路，晚上用三條腿走路，這是甚麼？

獅身人面像

Y：案答

築起長長的土坡。

傳說獅身人面像是根據埃及神話裏的怪物——斯芬克斯的樣子雕刻的，牠守在金字塔的門口讓過往的行人猜謎語，猜錯了就要被吃掉。

不論用的是甚麼方法，宏偉的金字塔都是數萬名埃及人用幾十年時間修築的偉大建築。

来自森林的植物薄片

甲骨

羊皮卷

竹子

竹簡

帛

草

廢紙

現代紙

紙的演變

我們也可以用來造紙。

一棵樹苗需要幾十年才能長成大樹。

樹

①砍樹，將其運到造紙廠。

工廠

②工廠加工。

近2000年前，蔡倫改進了造紙術。現在，造紙工廠1分鐘就能生產出2000米長的紙。

森林

去皮

中世紀

植物的灰燼

讓它慢慢冷
卻成形。

一位威尼斯的玻璃工
匠在玻璃液內加入了草木
灰，得到了更純淨的玻璃。

玻璃液

透明度很高
的玻璃。

13 世紀的威尼
斯是世界玻璃
製造中心。

有點模糊。

後來印刷術出現了，看書的
人越來越多。

顯微鏡

人們用玻璃來製作
眼鏡。

顯微鏡和望遠鏡讓人
們看到了微生物與宇宙。

望遠鏡

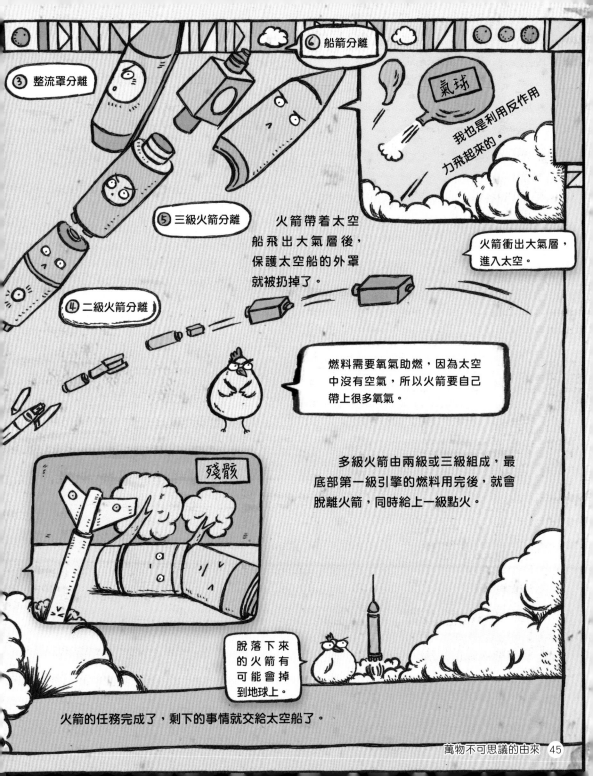

⑥ 船箭分離

③ 整流罩分離

氣球

我也是利用反作用力飛起來的。

⑤ 三級火箭分離

火箭帶着太空船飛出大氣層後，保護太空船的外罩就被扔掉了。

火箭衝出大氣層，進入太空。

④ 二級火箭分離

燃料需要氧氣助燃，因為太空中沒有空氣，所以火箭要自己帶上很多氧氣。

多級火箭由兩級或三級組成，最底部第一級引擎的燃料用完後，就會脫離火箭，同時給上一級點火。

殘骸

脫落下來的火箭有可能會掉到地球上。

火箭的任務完成了，剩下的事情就交給太空船了。

小提琴、鋼琴和長笛的由來

我是拉瓦納斯特隆。

拉瓦納斯特隆傳入阿富汗和波斯後，演變成有尖頭的列巴布琴。

小提琴

管風琴是歷史悠久的大型鍵盤樂器，兩千多年前就在歐洲的教堂中出現了，它的聲音聽起來莊嚴又神聖。

我是列巴布琴。

小提琴的祖先，最早出現在5000年前。

我是雷貝克琴。

中世紀和文藝復興早期的樂器。

長得很像小提琴，但卻是夾在兩膝間豎着演奏的。

我是小提琴。

羽管鍵琴是18世紀最受歡迎的鍵盤樂器。

意大利被認為是小提琴的故鄉。

我是維奧爾琴。

我是楔槌鍵琴。

最初的長笛是由植物的莖或動物的骨做成的。

骨笛

長笛

我是管風琴。

鋼琴

19世紀時,德國的波姆對長笛進行了改革。

波姆長笛

巴洛克長笛

巴洛克長笛是巴洛克時代的標準獨奏樂器。

現代長笛

其他類型的笛子

陶塤

中國竹笛

排笛

蘇格蘭風笛

我是羽管鍵琴。

三角鋼琴

我是鋼琴

鋼琴的聲音洪亮又清脆,富於變化,被譽為「樂器之王」。

立式鋼琴

與現代鋼琴一樣,我靠敲擊琴弦來發聲,但我的聲音很小。

萬物不可思議的由來

黑乎乎的醬油是**大豆**和**小麥**做成的；

稻米和**高粱**都可以釀成醋；

好玩的泡泡糖來自天然的**樹膠**；

美味的**竹筍**淋過春雨後會迅速長成竹子；

用來清潔的肥皂是**油脂**製成的；

彎彎曲曲的蚊香是用漂亮的**除蟲菊**做原料的；

白花花的**棉花**經過加工可以變成五顏六色的服裝；

又小又黑的**蝌蚪**長大後就會變成青蛙；

蜻蜓小時候是兇猛的**水蠆**。

它／牠們是
怎麼來的